NANCY, IMPRIMERIE DE VEUVE RAYBOIS ET COMP.

PLAN

DE

CONSTITUTION,

PAR

VILLIAUMÉ.

Custodi innocentiam, et vide æquitatem : quoniam sunt reliquiæ homini pacifico.

Injusti autem disperibunt simul : reliquiæ impiorum interibunt.

PSALM. XXXVI. 37, 38.

PARIS,
CHEZ TOUS LES LIBRAIRES.

NANCY,
A LA LIBRAIRIE GRIMBLOT ET VEUVE RAYBOIS,
Place du Peuple, 7.

1848.

PLAN DE CONSTITUTION.

(15 AVRIL 1848.)

PRINCIPE.

La politique a ses lois établies sur les faits comme celles de toutes les sciences, mais l'empire des préjugés, la mode ou les passions personnelles les font trop souvent méconnaître des hommes. On pourrait faire un gros livre de la simple énumération des malheurs qui ont entraîné leur violation. Chacun peut en connaître les résultats par l'histoire générale. Je n'en parlerai pas et citerai seulement en leur lieu quelques exemples tirés de notre histoire depuis 1789.

La première loi politique est le jeu continuel de ces deux forces, *mouvement* et *résistance*. Nier le mouvement serait nier le progrès, c'est-à-dire, le but de l'humanité, ce serait méconnaître les lois de Dieu même et l'évidence. Depuis dix-neuf siècles, quels progrès visibles dans les nations et surtout dans la nôtre !

La résistance existe aussi et elle est nécessaire; car, sans elle, le mouvement emporterait les hommes dans le tourbillon. Le progrès ne peut être que graduel et lent. L'humanité a une marche pesante et assurée. Elle se compose de tant d'intérêts divers, qu'il faut saisir ce qui convient à la majorité et c'est ce choix qui est difficile.

Mais, d'un autre côté, si la résistance est trop forte, l'équilibre n'existe plus, le progrès est arrêté et la corruption des résistants commence. En effet, l'homme immobile qui tient trop longtemps le pouvoir, craint d'en perdre la moindre partie. Cette crainte le porte à l'augmenter; il finit par regarder comme une propriété ce qui n'est qu'un dépôt : il devient usurpateur et criminel ; il se corrompt. C'est ainsi que plusieurs dictatures excusables à leur origine ont dégénéré en tyrannie, en spoliations, en violences.

L'art est donc de trouver ce *milieu* (1) qui est la loi générale de l'humanité comme celle du monde physique, loi sans laquelle le monde périrait infailliblement. Une trop forte résistance est trahison : un mouvement excessif est folie.

En France, le mouvement a été représenté par le

(1) In medio virtus.

peuple et ses défenseurs ; la résistance par les rois de toutes couleurs qui ont pesé sur lui. Il est si vrai que la résistance a été trop forte, et le peuple l'a si bien compris, que pour se conserver, il a été obligé de s'insurger plusieurs fois. Mais si les pouvoirs ne s'étaient point écartés de leurs voies, les insurrections n'eussent point eu lieu, et un sang généreux n'eût point coulé à grands flots. Nous devons donc nous efforcer de les éviter à l'avenir.

On n'y parviendra qu'avec une bonne constitution, qui soit réellement l'expression de la volonté du peuple français.

Les principes qu'il a proclamés sont la liberté, l'égalité, la fraternité.

Ils ne sont plus contestables ni contestés que par quelques aveugles dont il est inutile de s'occuper.

Or, leur conséquence est la *souveraineté du peuple*. C'est-à-dire que tous les hommes étant égaux, ils sont tous également appelés à donner leur avis sur le mode de gouvernement et à jouir également de tous les avantages sociaux.

Le régime où l'égalité règne s'appelle *République démocratique*, ou le gouvernement du peuple par le peuple tout entier. Mais comme il ne peut s'assembler chaque jour pour régler ses affaires, il agit par des mandataires auxquels il accorde temporairement sa confiance.

La République a été reconnue par toutes les communes de France. Il ne s'agit donc plus que d'en faire la constitution. Tel doit être le premier et le principal acte de l'Assemblée nationale convoquée à Paris pour le 4 mai prochain.

TRAVAUX PRÉLIMINAIRES

DE

L'ASSEMBLÉE NATIONALE CONSTITUANTE.

Elle doit débuter par trois grandes mesures qui assureront son indépendance complète.

I.

La première, de déclarer que tous ceux de ses membres qui sont fonctionnaires opteront dans le jour entre leurs fonctions et leur mandat de représentant.

Il ne faut pas qu'ils dépendent en quelque façon de leurs fonctions. Ils n'auront pas trop de temps pour se livrer aux travaux de la constitution et aux lois nécessitées par les circonstances.

Il importe aussi qu'ils n'aient aucun intérêt commun avec le gouvernement.

Dira-t-on que ce serait exclure les spécialités ?

Cette objection n'est qu'un sophisme des exploitants de l'ancien régime. Il y aura dans l'Assemblée assez d'anciens fonctionnaires, qui connaissent aussi bien les spécialités que ceux qui le sont actuellement. D'ailleurs lorsqu'un comité aura besoin de se renseigner près des hommes spéciaux, il les appelera dans son sein. L'Assemblée le pourra également, et même chacun de ses membres pourra puiser près d'eux les lumières qui lui manqueront.

II.

La deuxième mesure sera de s'exclure de la législature suivante.

On ne peut faire une bonne constitution que lorsqu'on est désintéressé dans ses effets. On ne doit pas calculer quelles sont les chances personnelles d'élection qu'on aura pour soi-même.

Mais, dira-t-on, les constituants seront utiles et même nécessaires à la prochaine législature. Ils comprendront mieux que personne le sens des lois qu'ils auront portées. Et d'ailleurs, pourquoi priver la législature suivante de tant d'hommes éminents?

Je réponds que si leurs lois sont claires, on n'aura pas besoin d'eux pour les comprendre, si elles ne le sont pas, ils les obscurciront davantage. Et s'ils ont des talents, leur absence de la législature n'en privera pas le pays; ils pourront le servir ailleurs avec autant d'efficacité.

On a éternellement blâmé la première assemblée constituante d'avoir pris cette mesure. On lui a attribué la chûte de la constitution qui ne put fonctionner une année entière!....

C'est une erreur grossière. Si l'Assemblée législative ne put maintenir la constitution, c'est parcequ'elle était corrompue dès le mois de juin 1792. Le roi de son côté trahissait à l'extérieur comme à l'intérieur, et il fallut bien que le peuple de Paris se sauvât lui-même par une insurrection qui éclata dans l'immortelle nuit du 9 au 10 août. Si les constituants eussent pu faire partie de la législature, un grand nombre y eussent été élus. Or, ils étaient presque tous vendus à la cour, et la chute de la constitution eût été plus prompte encore.

III.

La troisième mesure est que nos représentants s'excluent du ministère et de toutes les places à la disposition du pouvoir exécutif pendant un an à partir de la clôture de leur session.

On en comprend le motif. Il ne faut point qu'ils composent le pouvoir exécutif pour eux-mêmes, ni qu'ils fassent de ses chefs leurs créatures ou qu'ils se fassent les créatures de ceux-ci.

Il est une autre mesure dont je ne parlerais même

pas si je ne l'avais souvent entendu proposer. *L'Assemblée ne sera pas libre à Paris*, disent beaucoup d'hommes timorés, *elle délibérera sous les menaces, les piques et les baïonnettes ; il faut la transférer dans une petite ville. Paris est un foyer d'insurrections.*

C'est une erreur : on a toujours été libre de faire le bien au milieu du grand peuple parisien ; il ne s'est jamais opposé qu'au mal, à la prévarication. Tout ceux qui ont vu son attitude dans sa dernière insurrection sont convaincus de sa douceur et de ses vertus.

Et où l'Assemblée nationale trouverait-elle autant de lumières et de renseignements? Car elle en aura grand besoin. Certes, ces milliers de candidats, cette pluie de circulaires de lâches, d'ignares et d'ambitieux mendiants qui rampaient hier devant la monarchie et l'insultent aujourd'hui, ne font que trop prévoir que nombre d'élections seront surprises et captées. On le prévoit surtout à la façon dont elles se traitent en beaucoup de localités. Des comités de toutes sortes de gens se forment et intriguent avec audace : rien ne leur coûte, ni calomnie, ni panégyriques ridicules. Plusieurs finiront par triompher et un grand nombre de nos constituants seront loin d'être à la hauteur de leur mission. Il faudra donc qu'ils s'éclairent, s'ils en sont capables, au foyer des lumières, et qu'ils fortifient leur âme faible à l'aspect d'un grand peuple.

Je le répète : quiconque se conduira bien n'aura rien à redouter du peuple parisien. Je ne crains qu'une chose. C'est son enthousiasme qui marque de sa part plus de bonne volonté et de reconnaissance que de réflexion et de prévoyance. Il s'engoue trop souvent d'hommes qui se présentent couverts de peaux de brebis et qui au dedans sont des loups ravissants. Notre histoire est remplie d'exemples de cet enthousiasme du peuple qui lui a fait confier ses destinées à des hommes indignes.

Peuple généreux! sois toujours défiant. La défiance est l'une des vertus républicaines. Songe enfin à ton salut et au bonheur des générations futures. Jusqu'alors tu as été méprisé, spolié; jusqu'alors des traîtres ont presque constamment profité de leur popularité pour s'élever sur tes débris. Ton sang versé si souvent n'a pu féconder la terre de l'égalité ; mais enfin le jour de ton bonheur est venu : profites-en et sache qu'il ne faut jamais t'endormir.

Que l'Assemblée constituante se préserve aussi elle-même d'un enthousiasme factice qui pourrait obscurcir sa raison. Qu'elle n'ait pas la prétention de rendre des décrets *à l'unanimité*, comme le fit trop souvent la Convention. Si l'entraînement ou la peur rendait ses membres unanimes en apparence, ils aspiraient intérieurement au moment de défaire tout ce qu'ils avaient fait.

Notre nouvelle assemblée nationale devra examiner froidement toutes les propositions et ne jamais rendre ses décrets que trois jours après leur proposition. Quant à ses lois constitutionnelles, elles devront toutes être précédées d'un rapport de comité, qui sera imprimé et distribué à tous les membres et à tous les journaux. La discussion n'en pourra commencer que trois jours après, et il faudra laisser écouler un jour au moins entre la clôture de la discussion et le vote.

Au moyen de ces mesures, nos constituants entreront d'un pas ferme dans la carrière. Il faut qu'elle soit courte : quand une assemblée constituante tarde à faire son œuvre, elle la manque infailliblement et il soulève de violents orages. Elle gagnera du temps en bannissant les longs discours, les ambitieuses dissertations qui ne servent qu'à faire briller ceux qui les font, et qui, le plus souvent, étouffent la discussion sous l'amas des mots et des périphrases. Commençons donc enfin à renaître à l'éloquence politique. Soyons brefs dans nos discours. L'homme pressé d'arriver au but marche vite et ne se promène pas pour se montrer. Chacun doit dans la République s'oublier soi-même pour ne penser qu'aux autres. L'éloquence *académique* est née dans les temps d'égoïsme et de corruption. La véritable éloquence, l'éloquence nerveuse, est née dans les temps de dévouement au salut public.

En prenant cette habitude, l'Assemblée se fera plus estimer et elle y gagnera encore en ce que les orateurs, qui ne savent qu'arrondir des périodes et manquent d'idées, seront forcés de se taire.

L'Assemblée fera bien de fixer dès le premier jour l'ordre de ses travaux. Je pense qu'elle devra consacrer quatre jours de la semaine, de midi précis à six heures, à ses travaux purement constitutionnels, et les trois jours suivants aux questions financières qu'il est si urgent de traiter, et aux autres actes que nécessiteront les circonstances. Son devoir est d'accueillir toutes les pétitions sages et d'en admettre les orateurs à sa barre. Elle devra tenir des séances de nuit, lorsque le jour ne lui suffira point.

Encore une observation.

Qu'elle évite surtout la faute de l'Assemblée de 89 qui fit ses lois constitutionnelles au hasard, sans ordre, sans méthode, quand elle y était poussée par les événements ou par des motions captieuses. Ainsi, avant d'avoir décrété qu'il y aurait un roi, elle accorda au roi le *veto suspensif*, ou la faculté de s'opposer à l'exécution des lois. Elle décréta l'unité de la représentation nationale, avant d'avoir décrété qu'il y en aurait une et comment elle serait composée, etc.

C'était commencer un édifice par le sommet. Ce défaut de méthode en politique a des conséquences plus graves qu'on ne le croit communément, car lorsqu'on arrive à la question de savoir, par exemple, quel sera le chef du pouvoir exécutif, on se trouve lié implicitement par un décret déjà rendu. On craint le ridicule de l'inconséquence ; et, plutôt que de s'y exposer, on préfère manquer à sa conscience. Le plus souvent, c'est un piége que de présenter à une assemblée délibérante les questions dans un ordre illogique. Ce piége fut souvent tendu à l'Assemblée constituante par son comité de législation qui était vendu à la Cour.

Pour procéder avec méthode, il faut donc que l'Assemblée constituante s'occupe d'abord du peuple exerçant sa souveraineté dans ses asssemblées primaires, c'est-à-dire, de la formation de la législature ; ensuite, du peuple exerçant sa souveraineté par ses représentants, c'est-à-dire, de l'organisation de la législature et de la formation de la loi. Enfin, de l'exécution de la loi, c'est-à-dire, du pouvoir exécutif. Puis elle s'occupera des administrations départementales, des tribunaux, du budget, du travail, du sort des pauvres et de la religion dans ses rapports avec l'État.

Telles sont les divisions naturelles de cet opuscule.

CHAPITRE Ier.

DE LA FORMATION DE LA LÉGISLATURE.

I.

La première question qui se présente est celle de savoir si tous les citoyens exerceront les droits politiques, si tous prendront part à la formation de la législature. Poser aujourd'hui cette question, c'est la résoudre. Ce sont les hommes et non les propriétés qui sont l'objet de la représentation nationale. Donc tous les hommes doivent y concourir également. Les pauvres, les ignorants mêmes n'ont pas en vain versé leur sang pour reconquérir leurs droits naturels : ils ne doivent pas souffrir qu'on les leur ravisse de rechef comme en 89 et en 1830; et qu'on les réduise encore à l'état d'*ilotes*, de *citoyens passifs*.

En conséquence tout citoyen français, majeur de 21 ans, non suspendu par jugement de l'exercice de ses droits politiques, est électeur et éligible.

Quoi! diront nos profonds penseurs, *vous voulez qu'un jeune homme de* 21 *ans puisse être député? On a toujours exigé* 40 *ans d'âge ou au moins* 25 *!*

Laissez les citoyens libres; s'ils connaissent un jeune homme de 21 ans qui ait donné des preuves d'un grand courage, d'une intelligence extraordinaire, ne vaudra-t-il pas mieux que tel homme médiocre de 40 ans? C'est à ses concitoyens seuls d'en décider. Ils ne confieront pas leurs intérêts à des jeunes gens étourdis ou inconnus et ils n'éliront guère de députés âgés de moins de 30 ans.

II.

La deuxième question est celle de savoir si les citoyens voteront directement ou à deux degrès. Il ne s'agit pas ici de décider le mode de convocation d'une assemblée constituante. Pour une telle assemblée, le vote direct paraît préférable. Je l'ai demandé moi-même dès le 25 février. Ce moyen était le seul qui pût produire de bons résultats surtout au lendemain d'une monarchie; car la plupart des anciens électeurs à 200 francs eussent été électeurs pour l'assemblée nationale et ils y eussent renvoyé un grand nombre des hommes que le peuple de Paris avait été obligé de chasser ignominieusement. Il fallait donc rompre avec le passé; faire, pour ainsi parler, table rase. Or, comme on n'avait aucun moyen de déjouer les petites ruses, les intrigues, le peuple se fût trouvé opprimé par les assemblées électorales : son vœu n'eût pas été exprimé par elles.

Mais à présent il s'agit de former des législatures qui n'agiront que dans le cercle de la Constitution, leur loi fondamentale. Il ne s'agit pas surtout de choisir des hommes nouveaux ; il faut des hommes dont on connaisse bien le caractère, les mœurs et les lumières. On ne le peut qu'en laissant à chacun la liberté de les accuser, de les défendre, de les interroger et de les confronter avec leurs accusateurs. Une bonne constitution assurera aux citoyens le choix d'électeurs qui représentent réellement leurs vœux, parceque les intrigues n'auront plus d'empire.

Craindrait-on que les électeurs ne se réunissent ensuite à leur fantaisie pour opprimer ?

Mais la constitution déclarera que dès qu'ils auront terminé leurs fonctions, ils se sépareront et ne pourront, à peine de forfaiture, se reconstituer pendant l'année.

En conséquence, je propose le vote à deux dégrès, dont je vais indiquer le mode et les principaux avantages.

La France sera divisée en communes d'au moins 800 habitants, c'est-à-dire, 200 citoyens aptes à voter. Chaque commune formera une assemblée primaire, quand même, accidentellement, elle ne renfermerait pas 200 citoyens.

Lorsqu'il n'y aura pas dans une commune plus de 800 votants, elle ne formera qu'une assemblée primaire. Au-delà de 800, la commune sera divisée en autant de sections ou assemblées primaires qu'il y aura de fois 600 votants.

Tous les ans, le 3e dimanche d'avril, les citoyens

se réuniront sans convocation en assemblée primaire et feront choix d'un électeur à raison de 200 citoyens présents ou non présents, ayant droit d'y voter.

Ils choisiront deux électeurs, depuis 300 jusqu'à 500 citoyens et trois depuis 500 jusqu'à 800, présents ou non présents.

Le vote des citoyens sera public ou secret à la volonté de chacun.

Le Maire, avec les deux citoyens les plus âgés tiendront le bureau provisoire. Le bureau définitif sera composé d'un président et six scrutateurs à la pluralité des suffrages.

Nul ne paraîtra en armes dans l'assemblée ni à la porte.

Le dimanche suivant, tous les électeurs du département se rendront au chef-lieu. Ils formeront d'abord leur bureau au scrutin ou à haute voix à la volonté de chacun ; il sera composé de 9 membres.

Le bureau provisoire sera formé du plus âgé et des quatre plus jeunes. Ils commenceront dès le matin à délibérer sur le mérite des candidats dont la liste sera close et affichée le soir au plus tard.

Les candidats pourront être entendus et interpellés soit par les électeurs, soit par leurs concurrents. Il y aura obligation d'entendre le candidat qui se prétendra calomnié et qui sera présenté par un dixième des électeurs. Toutefois, cette présentation ne les engagera nullement en sa faveur.

La plus grande liberté de discussion devra régner soit en faveur des candidats, soit contre eux. Leur vie publique ou privée, en ce qui concerne la probité, pourra être discutée.

Les lois sur la diffamation seront abolies ; il sera fait une loi sur la calomnie. Le candidat calomnié dans sa vie privée pourra en demander acte au bureau des électeurs et poursuivre ultérieurement le calomniateur devant les tribunaux. Mais s'il n'a point demandé acte, il sera non recevable dans sa plainte.

Les électeurs ne pourront pas clore la discussion avant le vendredi, et elle sera close le dimanche au plus tard. Ils délibéreront soit au scrutin, soit à haute voix, hors la présence des candidats, quand même ils seraient électeurs.

Ils voteront par une seule liste pour tous les députés du département. Si, au premier tour de scrutin, tous n'ont pas obtenu la majorité absolue des suffrages, les électeurs voteront de rechef jusqu'à ce que tous aient obtenu la majorité absolue; mais seulement sur ceux qui ont obtenu le plus de suffrages au premier tour de scrutin. Ils voteront sur le double de ceux qui restent à élire. Dans le cas ou deux candidats auraient obtenu le même nombre de voix, le plus âgé l'emportera.

La population doit être la seule base de la représentation nationale. Il y aura un député pour 60 mille habitants. Dans le cas où, dans un département, il y aurait une fraction, il sera nommé un député de plus si cette fraction est au-dessus de 30 mille habitants.

Il sera nommé un suppléant pour trois députés, ce qui offre l'avantage de tenir toujours l'assemblée législative au complet, sans nouvelle convocation des électeurs.

Ce mode d'élection est simple et facile dans la pratique. Il donne le droit de discussion, d'éloges, de reproches envers tout candidat. Celui qui est sourdement et lâchement calomnié peut se défendre. Celui qui a usurpé une bonne réputation est démasqué aux yeux de tous. Chacun est libre de l'accuser : l'électeur en face de lui, le citoyen du dehors en révélant ce qu'il sait à l'électeur ou au concurrent.

Il y aura double avantage pour l'Etat : 1° La honte d'être un jour l'objet de reproches publics empêchera beaucoup d'hommes de faillir; 2° un malhonnête homme ne pouvant être un bon représentant, les candidats souillés seront écartés, et la représentation nationale plus pure. Ce mode est bien préférable au vote direct : il est aussi simple et moins tumultueux. En outre, il permet à l'électeur de se trouver en face du candidat, de l'interroger, et à celui-ci, de faire valoir ce qui peut être à son avantage, etc. Il offre un moyen certain de connaître la vérité, il évite les surprises. Il établit entre les citoyens de toutes les communes des relations, des communications qui les éclairent mutuellement.

Dans le vote direct, au contraire, comme il est impossible que tous les citoyens d'un département s'assemblent et qu'il est également impossible qu'ils connaissent par eux-mêmes les candidats, il s'ensuit qu'ils sont conduits par des comités. Ces comités sont en grand nombre, sans unité; souvent ils intriguent, transigent avec la raison et leur conscience pour diminuer le nombre des listes; et les citoyens sont obligés de voter sur les listes, presque au hasard. Les candidats ne sont pas entendus partout, ni régulièrement, et leur nombre est incalculable. Car, comme nul ne peut prévoir le résultat des élections d'un département tout entier, les aspirants s'enhardissent et veulent courir les chances.

Dans l'état actuel des choses, où aucune communication n'existe entre les cantons du département, le gouvernement provisoire aurait dû faire élire les députés à l'assemblée nationale par arrondissement de 40,000 habitants, et non par le département tout entier.

On a craint, dit-on, les élections locales, on a voulu éviter l'un des grands vices de l'ancienne loi.

Cette objection n'est pas fondée. Si un arrondissement n'avait pas un candidat digne de représenter ses concitoyens, l'arrondissement voisin ou le chef-lieu en eût offert un ; le peuple les eût mis en présence, et n'aurait eu qu'à choisir entre deux ou trois personnes ; il eût pu prendre des renseignements positifs et faire un bon choix. Tandis qu'en faisant voter tout le département sur onze ou douze députés, il est impossible de les mettre en présence de cent mille électeurs. Un candidat intrigue dans un canton, puis dans un autre. Un autre candidat en fait autant. Les comités dressent des listes et les citoyens votent sans savoir sur qui. A peine en connaissent-ils un ou deux sur les douze. Plaise à Dieu que ces votes de hasard aient un bon résultat!.....

D'après nos principes, la population doit être la seule base de la représentation nationale, et non la propriété puisque ce serait violer l'égalité : Ce ne peut être le territoire puisque ce n'est pas le territoire qui est représenté, mais ce sont ses habitants.

L'Assemblée législative ne sera élue que pour un an. Il faut que le peuple ait le loisir d'examiner à chaque instant et de juger ses mandataires afin de les tenir en éveil et de remplacer ceux qui manquent à leurs devoirs. Mais aussi je demande qu'ils ne soient pas révocables. La révocation entraînerait des discussions locales trop passionnées et quelquefois d'effroyables tumultes.

Ce n'est pas attenter aux droits du peuple; car, s'il est mécontent, il changera son représentant au bout de l'année. Ce laps de temps est trop court pour que la nation en souffre. Toutefois le député qui commettra un délit politique ou privé, prévu par les lois sera mis, s'il y a lieu, en accusation par l'Assemblée, et s'il est condamné, il sera naturellement exclu par le jugement et remplacé par son suppléant.

Le député ne pourra recevoir de mandat impératif. Il serait entre son obligation et sa conscience, si la discussion au sein de l'Assemblée lui démontrait l'erreur de ses mandants. Il doit donc être libre pour le bien ; sa probité et ses lumières reconnues par ses mandants seront pour eux une garantie suffisante.

CHAPITRE II.

ORGANISATION ET FONCTIONS DE LA LÉGISLATURE.

I.

Sera-t-elle composée d'une seule chambre ou de deux? Cette question est peut-être la plus grave de toutes. Il faut essayer de la résoudre.

L'idée des deux chambres nous est venue de l'Angleterre, où il y eut jadis une lutte violente entre le roi, les nobles et les communes. Ils ont transigé en prenant chacun des garanties qui balançaient réciproquement les trois pouvoirs. Ils ont eu chacun leur représentation : les communes ont eu une chambre de représentants; et les nobles, la leur. Le Roi n'a eu qu'un pouvoir limité et presque passif. C'est ce qu'on appelle la *Balance des trois pouvoirs*.

En 1789, un parti de l'Assemblée constituante demandait deux chambres en invoquant cet exemple. Rabaut Saint-Etienne fit observer que les circonstances étaient différentes, que les deux chambres étaient un reste de la féodalité, qu'elles n'avaient pas été librement consenties par la nation anglaise, et n'étaient qu'un traité d'accommodement entre les nobles et les communes. Or, puisqu'en France, il n'y avait plus qu'un seul ordre de citoyens, on n'avait pas à subir d'accommodement, et l'on devait adopter le mode qui paraissait le meilleur. Si les sénateurs sont à vie, ajoutaient les adversaires des deux chambres, ils n'auront plus rien à espérer ni à craindre du peuple et seront les esclaves du monarque, qui se les attachera par des dons et des promesses; s'ils sont temporaires, ils ne pourront acquérir assez de consistance ni se former cet esprit de suite qui met un poids de plus dans la balance politique. Au lieu de deux chambres, on n'aurait que deux bureaux d'une même chambre.

Ces raisons l'emportèrent et il ne fut institué qu'une seule chambre.

Les partisans des deux chambres ne citeront plus aujourd'hui l'Angleterre qui est une monarchie, mais ils nous parleront avec insistance de la République des États-Unis d'Amérique. Voyez, diront-ils, comme ils sont bien gouvernés et heureux. Or, ils ont deux chambres, donc il en faut deux en France où la République est proclamée.

Cette façon de raisonner est puérile. D'abord, je pourrais prouver, si j'en avais le temps, que les États-Unis ne sont pas aussi bien gouvernés, ni aussi heureux qu'on le croit en France. Mais j'admets que leur constitution soit parfaite. Qu'est-ce que cela prouve pour la France? Il y a une différence radicale entre les deux pays. Les États-Unis sont composés de nations différentes, ayant chacune leurs mœurs et leurs lois. Elles se sont liguées pour avoir plus de force et résister à leurs ennemis. Elles ont donc entre elles des rapports généraux qui sont réglés par les deux chambres et le président, mais elles sont indépendantes en ce qui concerne leur administration particulière. C'est une République *fédérale*, tandis que la France est une République essentiellement *Une*. Tous ses départements sont régis par les mêmes lois, les mêmes règlements. En un mot, il y a unité complète ou *centralisation*. La différence est donc capitale, et il s'en suit que si deux chambres sont nécessaires aux États-Unis, il n'en faut qu'une seule en France.

En effet, le corps législatif a pour mission d'exprimer la volonté générale qui est une et indivisible, donc il serait inconséquent de le diviser en deux sections pour exprimer une seule volonté.

Si on le divise en deux chambres, l'une aura le droit de s'opposer aux actes de l'autre et alors la législature qui est instituée pour agir se trouvera dans l'impuissance de rien faire. Si au contraire, l'une n'a pas le pouvoir de s'opposer aux actes de l'autre, leur division n'a aucun objet. L'une aura ordinairement des vues et des tendances différentes de l'autre, et alors il y aura au sein même de l'État un foyer de discordes et de guerre civile.

En France, il n'y a plus qu'une seule classe de citoyens; on ne reconnaît plus aucune espèce d'aristocratie ni de priviléges. Or l'établissement de deux chambres créerait toujours une aristocratie, ce qui remettrait encore en question lès principes. Si les sénateurs sont inamovibles et choisis parmi les hauts fonctionnaires, ils s'endormiront dans la mollesse et se corrompront par la paresse. C'est ce qu'on a toujours vu. Dès que l'homme, si bien qu'il ait débuté, n'a plus rien à craindre ni à espérer de ses concitoyens, il manque d'ardeur pour leur service. Il faut donc qu'il soit sans cesse sous le coup de la manifestation de leur estime ou de leur mépris. On a reconnu pendant 48 ans ce que nous ont valu le sénat de Bonaparte, la chambre des pairs de Louis XVIII et celle de Louis-Philippe. Ces assemblées ne se sont signalées que par leur nullité ou leur malfaisance; et pourtant, elles étaient en général composées d'individus qui s'étaient distingués avant d'y entrer.

Mais, il faut bien la perspective d'une grande récompense aux hommes qui rendent à l'État de grands services.

Je ne le pense pas; le citoyen qui se dévoue pour la patrie doit trouver une récompense suffisante dans la gloire, et surtout dans la satisfaction de sa conscience. La France se passera toujours bien de ceux qui veulent autre chose. Ils sont ordinairement plus funestes qu'utiles.

Si les sénateurs sont temporaires et choisis dans

ou par certaines catégories, c'est rétablir les priviléges; c'est faire encore deux classes de citoyens, les citoyens actifs et les citoyens passifs. C'est ramener la discorde, les jalousies, la haine. C'est entraver l'action législative. Car les deux chambres se contrarieront sans cesse : il suffira que l'une veuille une chose pour que l'autre la repousse. Il n'y a rien qui offre tant de prise aux ennemis de la nation. C'est ce qu'on a vu pendant les quatre années du règne de la Constitution de l'an III. Le conseil des Anciens et celui des Cinq Cents prenaient à tâche de se contrarier. L'Etat s'épuisait par cette lutte. Il suffit à Bonaparte et à ses complices de gagner ou de tromper la majorité des Anciens, c'est-à-dire, cent et quelques membres pour faire sanctionner sa conspiration par une apparente légalité. Il paralysa ainsi l'action d'un corps législatif de 750 membres, renversa la Constitution et usurpa la souveraineté, ce qui est le plus grand malheur qui puisse frapper une nation libre.

On objectera encore qu'*il faut bien un corps de résistance, que l'auteur avoue qu'elle est nécessaire*. Oui sans doute, mais la résistance doit être active et exercée par des hommes responsables. Or, comme on vient de le démontrer, la résistance d'un sénat n'est qu'un embarras, un obstacle. La résistance doit venir des bons règlements de l'Assemblée législative, qui calmeront son effervescence, et d'un bon gouvernement qui lui fera voir les inconvénients des lois dans leur exécution.

Mais, il faut bien que tout soit représenté, talent, richesse et peuple. Avec une seule assemblée, vous ne représentez que le peuple. Il en faut donc une seconde pour représenter les talents et les richesses.

S'il y a égalité entre les hommes, on ne reconnaît aucune prééminence entre eux, par conséquent les mêmes représentants serviront pour tous. Instituer une seconde assemblée serait donc implicitement méconnaître l'égalité, violer le principe le plus sacré et la base de tout notre ordre politique nouveau.

Le seul danger réel qui existe dans une assemblée unique c'est son entraînement, sa facilité de se laisser subjuguer par les circonstances ou par l'éloquence d'un orateur. Elle rend alors des décrets dont elle se repent le lendemain. L'Assemblée constituante, la Législative et la Convention fournissent plus de cent exemples de la légèreté des assemblées uniques et nombreuses. Légèreté à jamais déplorable, qui ne tendait qu'à les ridiculiser et entraîner l'Etat à sa ruine. Mais est-il nécessaire pour y remédier, qu'une seconde assemblée révise les décrets pour les modifier, les accepter ou les rejeter ? Non sans doute, car cette deuxième assemblée pourrait accepter les mauvais et rejeter les bons selon les passions qui l'animeraient : elle multiplierait les difficultés.

Je propose un moyen qui évitera le danger signalé. C'est de faire préparer toutes les lois par des comités nombreux qui les discuteront avec soin. Ils feront à l'Assemblée un rapport qui sera distribué à tous ses membres. La discussion ne pourra commencer que huit jours après. Lorsqu'elle sera close, on exigera encore un intervalle de trois jours avant la mise aux voix. Par ce moyen les surprises seront impossibles et chaque membre aura eu le temps de méditer son vote.

L'Assemblée toutefois peut se trouver dans des circonstances qui nécessitent un décret urgent; si par exemple l'ennemi était à ses portes..... je ne sais pas si avec une bonne constitution ce danger est à craindre, mais enfin s'il se présente, il vaudra mieux que l'Assemblée nomme à l'instant même un comité de sept membres, choisis dans son sein, qui seront tenus d'accepter ou de refuser leur mission à l'instant même. Ils prendront sous leur responsabilité toutes les mesures de salut public qu'ils croiront convenables. Leur pouvoir durera trois jours pendant lesquels l'Assemblée législative et le Gouvernement seront suspendus. Après l'expiration des trois jours, le comité rendra ses comptes à l'Assemblée qui jugera.

Lorsque l'Assemblée législative aura un décret de circonstance à rendre, mais qu'il n'y aura pas cette urgence excessive, il devra s'écouler au moins trois jours entre la proposition et le vote.

Ces mesures étant prescrites par le texte de la Constitution même seront une garantie complète, un remède certain contre l'enthousiasme, l'entraînement et la peur.

II.

L'Assemblée législative sera-t-elle permanente? En principe elle doit l'être ; elle le sera donc si les circonstances l'exigent. Si elles ne l'exigent point, elle pourra ne siéger que six mois de l'année, qui, bien employés, suffiront pour faire les lois.

Elle commencera sa session le 26 mai et pourra se séparer le 1er août, en s'ajournant au 1er décembre pour continuer à siéger jusqu'au 1er avril. Lorsqu'elle s'ajournera, elle laissera en permanence un comité de gouvernement de 30 membres uniquement chargés de le surveiller et de la convoquer le cas échéant.

III.

L'Assemblée n'aura point de garde. Le peuple en est une suffisante et la protégera si elle ne prévarique point. Seulement, elle pourra requérir la garde nationale de Paris si les circonstances l'exigent.

IV.

Toutes ses séances seront publiques. Il faut que ses tribunes contiennent au moins 1500 spectateurs dont 800 entreront sans cartes.

V.

Les députés ne seront pas déclarés inviolables. Une telle déclaration est ridicule puisqu'elle ne les rend pas invulnérables. Elle est inutile, puisque les lois puniront quiconque attenterait iniquement à leur sûreté.

Ce serait trop me détourner de mon but que de faire ici l'historique de l'inviolabilité. Je dirai seulement que la première Assemblée constituante déclara celle de ses membres le 23 juin 1789, alors qu'ils étaient l'espoir de la patrie et qu'un monarque perfide les faisait cerner par des troupes nombreuses pour les enlever ou les massacrer. En un pareil moment, lorsque les députés du tiers-état avaient à lutter contre un ennemi déclaré et puissant, un décret d'inviolabilité était sans doute une mesure habile, imposante et salutaire.

Mais, lorsque l'Assemblée constituante eut pris en main tous les pouvoirs, elle sentit qu'il lui fallait persister dans son décret d'inviolabilité, non plus contre le monarque, mais contre le peuple; car elle se corrompit de plus en plus et ne vit que dans cette mesure un abri contre la vengeance populaire.

L'Assemblée constituante décréta aussi l'inviolabilité des législatures suivantes, ce qui fut encore fatal à la liberté, car l'Assemblée législative de 91, comptant sur l'impunité, se vendit à son tour aux ennemis de la nation. Lorsque le peuple eut été forcé le 10 août de reprendre l'exercice de sa souveraineté, un de ses défenseurs plus clairvoyant et plus courageux que les autres proposa de faire arrêter les meneurs de cette Assemblée, mais on s'y opposa en objectant leur inviolabilité. Et cependant si son projet eût été mis à exécution, la France n'eût point subi pendant huit mois le généralat de Dumourier, le ministère de Roland et surtout les fatales intrigues de Brissot et de ses complices! La Convention n'eût point été divisée dès son arrivée, la guerre civile n'eût point moissonné nos départements et cent mille français peut-être n'eussent point péri dans cette année terrible.

Aujourd'hui les circonstances sont bien différentes; il n'y a plus de monarque à la tête de nos affaires, partant, plus d'ennemi public avoué. Contre qui donc la nouvelle Assemblée serait-elle déclarée inviolable? Ce ne pourrait être que contre le peuple. Mais il respecte toujours ses mandataires fidèles : il ne doit pas et ne peut pas respecter ceux qui le trahissent. C'est en vain que les traîtres, les voleurs prétendraient se faire respecter par un décret. Tout acte législatif qui n'est pas vraiment populaire et conforme aux principes proclamés le 24 février, n'est qu'un chiffon de papier.

Espérons donc, pour l'honneur de l'Assemblée constituante qu'elle ne se déclarera pas plus inviolable elle-même que les législateurs qu'elle instituera; qu'elle sera sans crainte au milieu du peuple et s'efforcera de mériter sa reconnaissance par une bonne foi constante et des travaux qui assurent le bonheur public. Un décret d'inviolabilité ne serait qu'une patente de peur ou de trahison que nos législateurs se donneraient.

VI.

L'Assemblée législative ne pourra délibérer si les trois cinquièmes de ses membres ne sont présents. Cette mesure paraît indispensable pour que la loi soit réellement l'expression de la volonté générale. Il lui sera facile de réunir toujours ce nombre de ses membres; car s'ils comprennent leurs devoirs, il n'y aura jamais les deux cinquièmes d'entre eux empêchés par congé ou mission.

VII.

L'initiative des lois appartiendra à chacun de ses membres et au Président de la République qui sera entendu lorsqu'il le demandera. Ses ministres seront entendus aussi; ils auront ainsi que lui une place particulière dans l'enceinte consacrée à l'Assemblée.

VIII.

Elle élira son Président et ses Secrétaires tous les mois, car, il y a trop d'inconvénient à les élire pour la session toute entière. En effet, s'ils ne répondent pas à l'attente de l'Assemblée, ils doivent être changés. D'un autre côté, il y a souvent plusieurs de ses membres qui sont dignes de cet honneur, et, en les élisant, c'est une récompense qu'elle leur décernera. Mais le Président n'aura aucun privilége ni traitement extraordinaire.

IX.

L'Assemblée législative sera seule investie du droit de faire les lois.

En conséquence elle établira l'impôt, les dépenses et les revenus de la République.

Le titre et la dénomination des monnaies.

Les distributions générales et locales du territoire français.

L'établissement annuel des armées de terre et de mer.

Les mesures de sûreté et de tranquillité publiques.

La défense du territoire.

La ratification des traités de paix et d'alliance.

Les récompenses nationales.

L'instruction publique.

Les honneurs publics qui doivent être rendus à la mémoire des grands hommes.

Elle surveillera le Président de la République, ses ministres, les généraux en chef, les amiraux, les ambassadeurs. Elle pourra mettre en accusation le Président de la République et ses ministres, dans les cas prévus par les lois. S'ils sont condamnés, elle les révoquera. Mais elle pourra révoquer les généraux en chef, les amiraux et les ambassadeurs dans tous les cas.

Elle seule décidera de l'arrivée et du mouvement des troupes dans le rayon qu'elle déterminera.

X.

Afin d'éviter les secousses, les insurrections, l'Assemblée législative devra, lorsque l'opinion publique lui paraîtra demander une réforme fondamentale, consulter sans délai les assemblées primaires sur la question de savoir si une assemblée constituante doit être convoquée.

Si la majorité des assemblées primaires répond affirmativement, une assemblée constituante sera convoquée immédiatement pour entrer en séance un mois après le décret de convocation. Elle sera composée d'un représentant élu directement par canton de 30 à 35 mille habitants.

Dès que l'Assemblée constituante sera arrivée à Paris, l'Assemblée législative et le Président de la République lui remettront leurs pouvoirs et elle s'emparera aussitôt de la souveraineté au nom du peuple français.

CHAPITRE III.

DU POUVOIR EXÉCUTIF.

I.

Le pouvoir exécutif ou *Gouvernement* est chargé uniquement de l'exécution des lois et des règlements ou instructions qui y sont relatifs; mais il ne peut s'immiscer dans la législation, ni dans le jugement de ceux qui violent les lois. Ces dernières fonctions appartiennent au pouvoir judiciaire.

Le Gouvernement aura-t-il à sa tête une commission qui choisira et surveillera les ministres ou un directoire composé de 3, 5 ou 7 membres, ou un chef unique, connu sous le nom de *Président*, de *Consul*, de *Gouverneur ?*

Cette question est extrêmement difficile à résoudre. La Constitution de 93 instituait une commission de 24 membres choisis par le corps législatif parmi les candidats que les départements proposaient. Elle devait nommer et diriger les ministres et les autres agents du pouvoir exécutif. Mais cette constitution ne fut jamais mise en pratique, nous ne savons pas qu'elle eût été la marche d'un pareil gouvernement. Je pense qu'il eût mal fonctionné, car s'il y avait eu de l'unité dans la commission, sa puissance eût pu devenir dictatoriale et terrible. Comment atteindre 24 hommes qui ont en quelque sorte le caractère de représentants du peuple et qui marchent d'accord? Quelle sera leur responsabilité?

S'ils ne sont pas d'accord, quelle affreuse division? L'un voudra une chose, l'autre une chose contraire. Ils intrigueront pour avoir la majorité. Ils seront souvent partagés; il y aura anarchie ou déchirement : les ministres et les chefs militaires s'en apercevant prendront parti pour les uns contre les autres. Il faudra un coup d'Etat, ou la Constitution périra.

Il est probable que la Convention avait adopté ce système par la crainte d'un pouvoir mis entre les mains d'un seul homme. Mais le pouvoir d'une commission est bien plus redoutable : le comité de salut public en est une preuve.

Le système de plusieurs directeurs fut adopté par la constitution de l'an III qui remplaça celle de 1793. Mais il est presque impossible que cinq directeurs soient d'accord. Le caractère des uns, leurs mœurs, leurs principes les éloignent des autres. De là tiraillement, anarchie ou oppression. Nous avons vu le fameux coup d'Etat du 18 fructidor, nous avons vu celui plus déplorable du 18 brumaire. Pendant quatre ans, cette constitution ne fonctionna qu'à force de coups d'Etat, jusqu'à ce que trois de ses membres vendirent la République à Bonaparte en trompant les deux autres qui étaient honnêtes et francs républicains.

II.

Je crois qu'il faut de l'unité dans le Gouvernement comme dans la législature. D'ailleurs la France, étant un vaste état, l'expérience a démontré et tous les grands publicistes ont établi que plus un état est vaste, plus il faut de promptitude et d'action dans le gouvernement. Or, un chef unique peut seul avoir cette action puissante et cette promptitude. Elles sont impossibles avec la pluralité.

Je propose un chef unique sous le nom de *Président de la République*, élu pour deux ans par l'Assemblée législative, le 1er janvier. Je marque cette époque qui est à peu près le milieu de la session afin que tous ses membres aient eu le temps de voir et de connaître par eux-mêmes celui auquel ils donnent leurs suffrages. C'est plus important qu'on ne le pense. Il n'y a rien de si fatal que de juger sur réputation. Voilà pourquoi je ne ferais pas nommer le Président de la République par les départements qui souvent donneraient leurs suffrages à un homme célèbre qui a eu l'art de se faire louanger pompeusement et qui le plus souvent ne serait qu'un charlatan dangereux ou inepte (1).

(1) Dans une Histoire de la Révolution Française qui est terminée depuis 3 mois et qui paraîtra bientôt, il est démontré, par un grand nombre d'exemples, que le défaut de discussion sur les hommes auxquels le peuple confie ses affaires est la

Huit jours avant l'élection du Président de la République, le nom de tous les candidats sera publié soit qu'ils se portent eux-mêmes, soit que les députés les présentent. La discussion sera ouverte sur le mérite de chacun. Chaque député est tenu sur son honneur de faire connaître à la tribune ou par la voix de l'impression ce qu'il sait contre les candidats ou en leur faveur. Il est temps de bannir de nos mœurs parlementaires cette feinte politesse qui n'est autre chose que le mensonge, la lâcheté, l'hypocrisie et la trahison. Le langage des Représentants du peuple doit être austère et franc sans toutefois jamais cesser d'être poli et parlementaire. Il y a une grande différence entre la franchise et la grossièreté. Il faut toujours de la dignité et ne jamais s'abaisser à l'injure.

Le Président devra réunir la majorité absolue des suffrages et pourra être choisi dans le sein de l'Assemblée; mais alors, il cessera d'en faire partie.

III.

Le Président aura onze ministres. Ce n'est pas

source de toutes ses déceptions, de tous ses malheurs. On ne paraît pas avoir profité de cette longue et douloureuse expérience. Le peuple français sera-t-il donc toujours sans prévoyance? Sera-t-il éternellement sourd à la voix de ses défenseurs? Hélas ! il la méconnaît souvent, et lorsqu'il se repent de sa légèreté, il est trop tard !...

assez de neuf, car il y a des ministères qui sont beaucoup trop considérables et au-dessus des forces et de l'intelligence d'un seul homme. Voici la division que je propose :

Ministère de l'intérieur et de la police.

Ministère des affaires étrangères.

Ministère des finances qui ne comprendra que les finances proprement dites, les contributions directes et indirectes, les domaines et l'enregistrement.

Ministère de la guerre.

Ministère de la marine et des colonies.

Ministère de l'agriculture et des forêts.

Ministère de l'instruction publique et des cultes.

Ministère des travaux publics et des beaux arts.

Ministère du commerce, de l'industrie et des douanes.

Ministère de la justice et des postes.

Ministère de la bienfaisance publique.

IV.

Le Président de la République sera responsable et révocable dans les cas prévus par la loi. Dans le cas de révocation, l'Assemblée législative le renverra en état d'accusation devant la cour nationale. S'il est condamné, l'assemblée nommera immédiatement un autre président qui fonctionnera jusqu'à l'expiration des deux années, mais s'il reste peu de temps à courir, elle déléguera la présidence à l'un des ministres.

Le Président étant responsable doit avoir le choix de ses ministres. Ils seront responsables aussi et toujours révocables par lui seul. L'Assemblée législative ne pourra les révoquer que lorsqu'ils seront condamnés par la cour nationale. Ils formeront avec le Président un conseil dit *des ministres* qui délibèrera et statuera sur toutes les grandes affaires du gouvernement. Le Président sera tenu de le consulter, mais non point de suivre son avis, excepté dans le cas de mise en accusation d'un agent du gouvernement, comme il sera dit ci-après. Un registre indiquera sommairement après chaque délibération l'avis de chacun et sera signé du Président et de tous les ministres.

Le Président ne pourra choisir ses ministres dans l'Assemblée législative.

Chaque ministre aura sous ses ordres dans son département *un secrétaire général* faisant les fonctions des agents qu'on appelle *sous-secrétaires d'état* et qui sera chargé de la signature du ministre et de l'expédition des affaires. Il ne sera point un *homme politique*, mais un *homme spécial* choisi par le conseil des ministres parmi les fonctionnaires les plus distingués du département. Il aura sous ses ordres sans intermédiaire les directeurs des administrations.

Afin que le secrétaire général ait le temps d'examiner attentivement les affaires graves et ne soit pas une machine à signatures, les directeurs traiteront et signeront celles peu importantes qui leur seront attribuées par la loi. Mais ils déféreront au secrétaire général celles qui leur sembleront difficiles ou devoir fixer un point de jurisprudence administrative.

Le secrétaire général pourra évoquer toutes celles même laissées par la loi à l'examen et à la signature des directeurs.

Le ministre pourra évoquer toutes les affaires.

Le secrétaire général devra lui référer toutes celles qui sont graves ou politiques.

Par ce moyen, toutes les petites affaires sont traitées par le chef de division ou directeur. Il n'en arrivera sous les yeux du secrétaire général qu'un petit nombre qu'il pourra examiner avec soin puisqu'il ne perdra pas son temps à remplir de vaines formalités et ne sera point préoccupé des hautes questions politiques. Le ministre à son tour n'évoquera que les affaires très-graves et qui touchent à la politique ; et il ne sera pas distrait, par des minuties, de ses fonctions d'homme d'état.

Le traitement du Président de la République sera de 120,000 francs par an.

Celui de chaque ministre de 50,000 fr.

Celui des secrétaires généraux de 25,000 fr.

Le Président de la République pourra être réélu une seconde fois par l'Assemblée, mais jamais une troisième qu'après quatre années d'intervalle.

En aucun cas il ne pourra rester en fonctions plus de quatre années de suite à peine d'attentat contre la sûreté de l'état.

Il ne pourra jamais sortir du territoire continental de la République.

Il ne pourra s'écarter du rayon législatif sans une autorisation expresse et motivée de l'Assemblée législative.

V.

Il aura (en conseil des ministres) l'administration et la conduite des armées et des flottes, mais il n'en pourra jamais prendre le commandement en personne.

Il n'y aura point de généralissime. Lorsqu'on aura besoin d'un ou plusieurs généraux en chef ou amiraux, une commission sera donnée à un ou à plusieurs généraux de division ou vice-amiraux, qui rentreront dans leurs grades sans aucun privilége ni prééminence, dès qu'ils auront accompli leur mission. Les commissions qui leur sont données peuvent toujours être révoquées par le Président de la République en conseil des ministres et par l'Assemblée législative.

VI.

Le Président de la République n'aura pas le droit de dissoudre l'Assemblée législative ni de la convoquer.

Elle se réunira de droit, le 26 mai. Lorsqu'elle prendra des vacances; c'est à son comité permanent de gouvernement qu'appartiendra seul le droit de la convoquer.

Si l'on donnait au président le droit de dissoudre l'Assemblée, on l'investirait d'un pouvoir incompatible avec le principe républicain, il pourrait ainsi suspendre l'action législative, c'est-à-dire, le pouvoir populaire, et l'on ne comprend que trop quelles mesures désastreuses en pourraient être la conséquence.

Les personnes qui sont d'avis de cette prérogative disent : *mais si l'Assemblée législative était mauvaise: si elle était royaliste comme le fut le conseil des Cinq Cents au 18 fructidor; si elle voulait perdre la république, il faudrait bien s'en débarrasser.*

D'abord je ne pense pas qu'une assemblée élue librement par le peuple puisse en moins d'un an se corrompre assez pour le trahir. Mais, si ce malheur arrivait, on ne peut prendre pour arbitre un seul homme entre la nation et ses 600 mandataires. C'est au peuple lui-même qu'appartiendrait le droit d'en décider, et il sait bien ce qui lui reste à faire en pareille occasion.

CHAPITRE IV.

DE LA COUR NATIONALE.

I.

Dans les états libres, il importe, pour maintenir la liberté et la force des lois, que la responsabilité de ceux qui gouvernent ne soit pas un vain mot. Par conséquent, il faut un tribunal supérieur pour les juger. Les tribunaux ordinaires ne sont pas compétents pour l'appréciation de la conduite des gouvernants et des mandataires du peuple, accusés de crimes d'état. En conséquence il faut un tribunal extraordinaire, un Tribunal d'Etat.

Mais pour que ce tribunal ne puisse opprimer, il doit être renouvelé souvent et purifié des ennemis de la nation et ceux de l'accusé par l'exercice du droit de récusation. Il faut en un mot une sorte de jury qui inspire la plus grande confiance. Il doit être assez nombreux pour que sa majorité se forme selon la raison et non pas selon les caprices ou les préjugés. Mais il ne doit pas l'être trop, afin qu'il ne soit pas sujet aux entraînements de l'éloquence, et qu'il y ait entre ses membres une discussion plus facile, plus sérieuse, et qu'ils sentent davantage le poids de la responsabilité morale.

Comment donc former cette institution ? Les juges seront-ils choisis par un pouvoir ou nommés par le peuple ? Il ne faut pas qu'ils soient choisis par un pouvoir, de peur qu'ils n'en dépendent jusqu'à un certain point. Il faut donc qu'ils soient élus par le peuple, mais comme souvent les juges n'auront rien à faire (il faut bien l'espérer) ce seraient des mandataires inoccupés.

Je propose un moyen qui me paraît éviter tous les inconvénients. Le premier député de chaque département, c'est-à-dire, celui qui aura obtenu le plus de voix, et à Paris les quatre premiers, seront les juges nationaux. A l'ouverture de chaque session, ils tireront au sort quelle est la moitié d'entre eux qui feront le service du premier trimestre. L'autre moitié fera le service du deuxième. Pour le troisième, on tirera encore au sort.

II.

La cour nationale siégera au nombre de trente juges. L'accusé et l'accusateur national auront la faculté d'en récuser chacun six. Dans le cas où par l'empêchement de membres il ne s'en trouverait pas 42 présents, on appellera les plus jeunes du trimestre suivant. J'indique les plus jeunes parce que comme ils seront encore obligés de faire le service du trimestre suivant, il importe de ne pas fatiguer les plus âgés.

Les trente juges choisiront pour chaque affaire celui d'entre eux qui les présidera. Ils pourront suspendre les débats pour prendre de plus amples renseignements. La défense y sera toujours libre. Les audiences seront publiques.

Leurs arrêts seront motivés et rendus à la majorité. En cas de partage l'accusé sera acquitté. Ces arrêts seront souverains et l'exécution n'en pourra pas être suspendue.

L'accusateur ordinaire sera le procureur général près la cour d'appel de Paris. Toutefois l'Assemblée législative pourra en nommer un autre soit pour une affaire, soit pour une session. Elle pourra le choisir dans son sein, même parmi les membres qui auraient pris part à la mise en accusation.

Les membres de la cour nationale ne pourront jamais assister dans l'Assemblée aux dénonciations ni aux mises en accusation des personnes dont le jugement est de leur compétence. Il leur est expressément défendu de faire connaître leur opinion sur ce point, ni de recevoir aucunes visites, sollicitations ou recommandations pour ou contre les accusés. Mais ils prendront part à tous les actes législatifs.

III.

La cour nationale connaîtra exclusivement des crimes ou délits politiques dont seront accusés les membres de l'Assemblée législative et le Président de la République. Ils ne pourront être renvoyés devant elle que par un décret de l'Assemblée nationale.

Elle connaîtra exclusivement aussi des crimes ou délits politiques attribués aux ministres, aux généraux en chef, amiraux, vice-amiraux et ambassadeurs, et enfin de tous les attentats et complots contre la sûreté de la nation qui seraient renvoyés devant elle par le conseil des ministres statuant avec le Président de la République. En cas de partage dans le sein du Conseil des ministres, le Président de la République aura voix prépondérante.

L'Assemblée nationale aura de même la faculté de renvoyer devant la cour nationale les agents désignés dans le présent article.

CHAPITRE V.

DE L'ADMINISTRATION.

I.

Quelques changements paraissent nécessaires dans la division des départements. Depuis 59 ans qu'ils sont formés, une multitude de rapports ont rendu les uns trop populeux et les autres pas assez; en tous cas, ils sont mal distribués. Dans un grand nombre, le chef-lieu est à une extrémité du département au lieu d'être au centre.

Les communes doivent être formées d'une réunion de 800 habitants au moins. Dans l'état des choses nous en avons qui n'en renferment pas 200. Il est souvent impossible d'y trouver un maire et un conseil municipal capables, tandis que sur 800 habitants, on en trouvera toujours.

Objectera-t-on que les villages étant éloignés les uns des autres, l'administration en souffrirait?

Mais plusieurs de nos communes sont composées de hameaux éloignés les uns des autres autant que les communes le sont entre elles, et l'administration n'en a jamais souffert.

Tous les ans, le 3e dimanche d'avril, les citoyens

après avoir nommé leurs électeurs, nommeront le conseil de la commune qui sera composé d'au moins 17 membres, y compris le maire et l'adjoint.

Le conseil sera élu pour trois ans, mais renouvelé par tiers tous les ans. Les membres sortants pourront être réélus.

Le maire et l'adjoint seront trois ans en exercice et pourront être réélus.

Le nombre des conseillers augmentera suivant la population, de telle sorte que dans les villes de 40,000 habitants et au-dessus, il soit composé de 60 membres.

II.

Les cantons ne sont pas assez populeux, ou plutôt ils sont en trop grand nombre. On fera bien de les composer de 30 à 35 mille habitants.

Je propose la suppression des arrondissements. On ne peut placer à leur tête que des agents nommés sous-préfets qui sont à peine les instructeurs des affaires et ne font presque rien : Ce n'est donc qu'un retard apporté à l'expédition des affaires et une dépense inutile. Ils étaient nécessaires sous l'ancien régime comme agents d'intrigues électorales, mais aujourd'hui le gouvernement n'aura plus d'influence sur les élections qui sont livrées uniquement à la sagacité du peuple.

D'ailleurs les communes étant plus fortes seront mieux administrées et n'auront pas besoin de cet agent intermédiaire.

III.

Les départements pourront être réduits en moyenne à 300,000 habitants.

La Corse et nos possessions d'Afrique devront être soumises à un régime particulier.

Tous les ans, l'assemblée des électeurs, après avoir élu les députés nommera le conseil général du département qui sera composé de 45 membres dont deux au moins pris dans chaque canton.

Le Conseil général sera divisé en deux sections, l'une de 40 membres qui ne tiendra qu'une session de quinze jours au plus chaque année pour traiter les affaires générales du département; l'autre de 5 membres restera en permanence à la préfecture pour l'expédition des affaires, et tiendra lieu des conseils de préfecture actuels.

L'assemblée des électeurs élira en outre le préfet du département. Ce fonctionnaire, le conseil de préfecture et le conseil général seront élus pour trois ans et pourront être réélus indéfiniment. Mais le conseil de 40 membres sera renouvelé par tiers chaque année.

Il sera essentiel de laisser aux communes et aux départements plus de pouvoirs qu'ils n'en ont actuellement pour régler leurs propres affaires. On le peut sans détruire la centralisation. Il y aura plus de liberté pour eux et moins d'encombrement dans les ministères. Cette excessive concentration de pouvoirs n'a jamais été qu'un moyen de corruption sous la monarchie.

CHAPITRE VI.

DE LA JUSTICE.

I.

DES JUSTICES DE PAIX.

Il y aura un juge de paix par canton.

Il aura pour assesseurs les deux premiers conseillers municipaux de la commune chef-lieu du canton.

Cette mesure est essentielle. La justice rendue par un seul homme est une détestable justice. Mais le juge de paix procédera seul comme officier de police judiciaire et pour l'apposition des scellés et des autres devoirs de sa charge. Il connaîtra avec ses assesseurs des affaires de simple police et des affaires civiles en premier ressort jusqu'à 500 francs, et en dernier ressort, jusqu'à 200 francs.

Les juges de paix seront nommés par les assemblées électorales pour 9 ans et pourront être réélus.

II.

DES TRIBUNAUX CIVILS.

Il y aura au moins un tribunal de première instance par département et deux au plus. Il siègera au nombre fixe de cinq juges ; il y aura en outre un juge d'instruction et deux suppléants.

Les tribunaux de première instance statueront en premier ressort sur toutes les affaires correctionnelles et sur les affaires civiles au-dessus de 500 fr.

Ils statueront en dernier ressort sur les appels de justice de paix, sur les affaires de police et les affaires civiles au-dessous de 3,000 francs.

En matière immobilière ou indéterminée, le demandeur sera tenu de fixer l'importance de sa réclamation. Si elle paraît exagérée, le tribunal, pourra la fixer après une expertise. C'est afin d'empêcher ces appels ridicules qui, souvent pour une valeur immobilière d'un franc, entraînent les parties à trois ou quatre mille francs de frais.

Les juges seront nommés par les assemblées électorales pour neuf ans et pourront être réélus.

III.

DES COURS D'APPEL.

Les cours d'appel seront réduites à 16. Elles seront composées de deux chambres, une civile et l'autre correctionnelle, qui connaîtra aussi des affaires civiles.

Les chambres des mises en accusation doivent être supprimées. L'expérience a démontré leur inutilité. Elles ne font que retarder le jugement ou la liberté du prévenu. Elles ne sont plus nécessaires comme une garantie pour lui, puisque les juges de première instance seront nommés par les citoyens pour un temps déterminé.

En conséquence, les tribunaux statueront sur la mise en accusation ou la relaxation du prévenu, au nombre de quatre juges, y compris le juge d'instruction. Lorsque la majorité se prononcera pour la mise en accusation, elle aura lieu. Lorsqu'au contraire il n'y aura pas majorité, le prévenu sera mis en liberté, à moins que le ministère public n'en porte appel. Dans ce cas, la chambre civile de la cour d'appel statuera définitivement.

Deux juges du tribunal ne seront jamais appelés à statuer sur les mises en accusation parce qu'ils assisteront le président de la cour d'assises pendant la session.

La chambre civile siégera au nombre fixe de dix conseillers; la chambre correctionnelle au nombre de huit. En cas de partage en matière civile, le jugement dont est appel sera confirmé. En matière correctionnelle, le prévenu sera acquitté.

Les conseillers des cours d'appel seront nommés par les assemblées électorales pour neuf ans et pourront être réélus. Un règlement indiquera le nombre de conseillers que chaque département du ressort devra élire.

IV.

COUR DE CASSATION.

Il y aura une cour de cassation pour toute la République ; elle sera composée d'une chambre civile et de deux chambres criminelles.

Deux chambres criminelles sont nécessaires pour l'expédition et l'examen approfondi des pouvoirs. Une chambre civile sera suffisante, car, sous la République, on aura des magistrats plus laborieux et moins de pourvois. Il importera de supprimer la chambre des requêtes qui se met souvent en contradiction avec la chambre civile et ne sert à rien.

Les trois chambres tiendront chacune par semaine cinq audiences d'au moins 6 heures.

Les juges statueront au nombre fixe de 18 ; en cas de partage, le pourvoi sera rejeté.

Le nombre des conseillers sera de 60 ; chaque département nommera un candidat. Toutefois, ceux où siégent les cours d'appels en nommeront 2. Paris en nommera 8.

Le Président de la République en conseil des ministres choisira parmi les candidats. Ils seront nommés pour 9 ans et pourront être réélus.

Si le corps législatif juge que la deuxième chambre criminelle devienne inutile, il la supprimera. En ce cas, les 40 conseillers des chambres criminelles tireront au sort quelle sera la moitié d'entre eux qui cessera ses fonctions.

V.

Nul ne peut être nommé juge ou conseiller s'il n'est âgé d'au moins 30 ans et n'a exercé la profession d'avocat pendant 5 ans près d'une cour ou d'un tribunal. Les conseillers à la cour de cassation devront être âgés d'au moins 35 ans.

Néanmoins, les juges de paix pourront être choisis parmi les anciens notaires et avoués qui sont licenciés en droit et ont exercé pendant dix ans. Mais ils ne peuvent être nommés juges de paix dans le canton où ils ont exercé et il leur sera interdit, sous peine de forfaiture, de continuer aucune gestion d'affaires particulières.

Les officiers du ministère public seront nommés par le Président de la République qui pourra toujours les révoquer. Ils ne pourront être choisis que parmi les avocats âgés d'au moins 25 ans, ayant exercé pendant 5 ans près d'une cour ou d'un tribunal. Les officiers du ministère public près les cours d'appel devront être âgés d'au moins 30 ans.

Les procureurs généraux et les avocats généraux près la cour de cassation devront être âgés d'au moins 35 ans.

En cas de démission, décès ou destitution, dans les cas prévus par la loi, des magistrats avant l'expiration des neuf années, le Président de la République en conseil des ministres les remplacera par d'autres qui siégeront jusqu'à l'expiration des neuf années.

Dans la plupart des départements, il suffira d'une seule chambre pour composer le tribunal. Néanmoins il est quelques départements où deux seront nécessaires et alors le tribunal sera composé de 11 juges qui formeront deux sections. Il y aura 6 sections à Paris.

Deux chambres pour la cour d'appel suffiront dans chaque ressort. A Paris, quatre paraissent nécessaires.

VI.

DU JURY.

Il sera tenu comme par le passé quatre sessions d'assises au chef-lieu de chaque département.

Seront jurés : 1° tous les membres ou anciens membres des assemblées électorales du département ; 2° les bacheliers ès lettres ou ès sciences. Ils devront être âgés d'au moins 30 ans. A l'approche de chaque session, le président du tribunal, en audience publique, tirera au sort 42 jurés et quatre supplémentaires.

Le citoyen qui aura siégé comme juré ne pourra

être appelé de nouveau s'il ne s'est écoulé 18 mois entre les deux sessions où il est appelé.

Les jurés seront indemnisés.

Le jury sera formé de 14 membres. Si son verdict de culpabilité n'est pas prononcé par 9 au moins, l'accusé sera acquitté.

L'accusé et le ministère public auront la faculté de récuser chacun 9 jurés.

Les sessions des jurys seront moins longues que par le passé, car il y aura beaucoup moins de crimes sous la République que sous la monarchie. En outre, il est un grand nombre de crimes qu'il faudra ranger dans la classe des délits et renvoyer aux tribunaux correctionnels.

VII.

Le droit de grâce est attribué au Président de la République et au Président de l'Assemblée législative qui en délibéreront sur un rapport du secrétaire général de la justice, transmis par le ministre. Si le Président de la République et le Président de l'Assemblée sont d'accord pour la grâce, elle sera accordée, mais leur ordonnance sera motivée et rendue publique. En cas de rejet, l'ordonnance ne sera pas motivée ni publiée.

On n'attribue pas ici le droit de grâce au Chef

du gouvernement et au Président de l'Assemblée législative, pour leur donner une prérogative, mais seulement pour remédier aux erreurs judiciaires qui pourraient être commises.

Voilà pourquoi il faut exiger le concours de deux personnes et les motifs de leur ordonnance. Elle ne devra jamais être un acte de faveur, mais sera toujours un acte de justice.

Cette mesure est indépendante des demandes en révision indiquées par le Code d'instruction criminelle.

CONCLUSION.

I.

Dès que cette première partie de la Constitution sera terminée, le devoir de l'Assemblée constituante sera de la soumettre à l'acceptation du peuple qui en délibérera dans ses assemblées primaires. Chacune ne comptera que pour une voix afin d'éviter la confusion des nombres. Le recensement sera fait au chef-lieu de chaque département.

Si la majorité des assemblées l'accepte, la Constitution sera proclamée. Si le peuple la rejette, l'Assemblée modifiera son travail selon son vœu et lui soumettra ensuite ses amendements.

Pendant que le peuple délibérera, l'Assemblée constituante s'occupera en second ordre des besoins financiers de l'Etat, de ses ressources et des impôts. A cet ordre de travaux; se rattachent l'organisation des armées de terre et de mer, la réforme administrative, les questions qui concernent le travail et les classes pauvres. Ces questions sont connexes, et il serait ridicule de les traiter séparément

Mais l'Assemblée constituante n'aura pas à s'occuper des détails et des lois secondaires qui seront l'œuvre des législatures suivantes.

Enfin, en troisième ordre, elle s'occupera de la religion dans ses rapports avec l'Etat et de l'instruction publique.

Ces deux ordres de travaux constitutionnels devront également être soumis à l'acceptation du peuple.

Je publierai bientôt quelques idées sur ces réformes.

II.

La tâche de l'Assemblée constituante sera facile, si elle veut comprendre ses devoirs. La France lui offre des ressources que jamais nation n'offrit à ses mandataires. Jamais circonstances ne furent plus favorables à une réorganisation politique et sociale. A l'œuvre donc, législateurs! Surmontez tous les obstacles : méprisez les insinuations perfides des traitres qui seront parmi vous. Méprisez aussi les terreurs des insensés et des lâches. Ne soyez ni cruels ni faibles, ni avares ni prodigues. Ne vous laissez point entraîner par les hommes trop audacieux. Ne vous en laissez pas imposer par des services apparents : n'hésitez pas à mettre en jugement quiconque l'a mérité. Soyez tout à la fois progressifs et résistants.

Considérez avec sang-froid la guerre étrangère

qui nous menace. Lorsqu'elle éclatera, pourvoyez à toutes ses nécessités sans interrompre vos travaux constitutionnels. Le temps suffit toujours à qui sait bien l'employer. Au premier appel, un million de combattants s'élancera de nos villes et de nos hameaux au devant de l'ennemi. La France ne manquera jamais de vaillants soldats.

Mais que peuvent le nombre et la vaillance contre l'ineptie ou la trahison? Si nos armées son mal commandées, elles périront encore sans utilité pour la patrie. Mettez donc le plus grand soin dans le choix des généraux. Préférez les jeunes et les nouveaux aux anciens : ils seront plus sûrs et plus intrépides. Les grandes qualités militaires se révèlent dès le commencement d'une campagne : la race des Hoche, des Marceau, des Kléber, des Moreau n'est pas éteinte.

Si vous le voulez donc, la guerre étrangère sera de courte durée et la France victorieuse; car, la guerre civile étant impossible si vous êtes sages, toutes nos forces seront tournées contre les ennemis extérieurs.

Mais si vous laissez moissonner nos départements par la guerre civile, si nous éprouvons des revers contre les princes européens, si le crédit public et privé ne renaît pas bientôt, si le peuple ne jouit pas enfin de l'aisance à laquelle il aspire avec raison depuis si longtemps, vous en serez seuls coupables : vous aurez abusé de votre mandat. N'oubliez pas que la nation vous en demandera compte. Tout mandataire du peuple ne peut être estimé et respecté qu'à la condition de marcher constamment dans la voie de la justice et de la vérité.

Aspirez donc à la véritable gloire et craignez de voir des moments d'un triomphe équivoque se changer pour vous en des jours d'angoisses et d'ignominie.

FIN.

TABLE DES MATIÈRES.

www.ingramcontent.com/pod-product-compliance
Ingram Content Group UK Ltd.
Pitfield, Milton Keynes, MK11 3LW, UK
UKHW012252240726
13966UKWH00004B/1391